第二辑

纳唐科学问答系列

它们来自哪儿

[法] 伊莎贝拉·米尼亚尔　　[法] 玛丽·帕拉德　著

[法] 达妮埃勒·舒尔赫斯　绘

杨晓梅　译

吉林科学技术出版社

D'OU CA VIENT
ISBN：978-2-09-255175-2
Text: Isabelle Mignard, Marie Parade
Illustrations: Daniele Schulthess
Copyright © Editions Nathan, 2014
Simplified Chinese edition © Jilin Science & Technology Publishing House 2023
Simplified Chinese edition arranged through Jack and Bean company
All Rights Reserved
吉林省版权局著作合同登记号：
图字 07-2020-0058

图书在版编目（CIP）数据

它们来自哪儿 / （法)伊莎贝拉·米尼亚尔，（法）
玛丽·帕拉德著；杨晓梅译. -- 长春 ：吉林科学技术
出版社，2023.7
（纳唐科学问答系列）
ISBN 978-7-5744-0357-4

Ⅰ. ①它… Ⅱ. ①伊… ②玛… ③杨… Ⅲ. ①食品—
儿童读物 Ⅳ. ①TS2-49

中国版本图书馆CIP数据核字(2023)第078878号

纳唐科学问答系列　它们来自哪儿
NATANG KEXUE WENDA XILIE TAMEN LAIZI NA'ER

著　　者	[法]伊莎贝拉·米尼亚尔　　[法]玛丽·帕拉德
绘　　者	[法]达妮埃勒·舒尔赫斯
译　　者	杨晓梅
出 版 人	宛　霞
责任编辑	赵渤婷
封面设计	长春美印图文设计有限公司
制　　版	长春美印图文设计有限公司
幅面尺寸	226 mm×240 mm
开　　本	16
印　　张	2
页　　数	32
字　　数	25千字
印　　数	1-6 000册
版　　次	2023年7月第1版
印　　次	2023年7月第1次印刷

出　　版	吉林科学技术出版社
发　　行	吉林科学技术出版社
地　　址	长春市福祉大路5788号
邮　　编	130118
发行部电话/传真	0431-81629529　81629530　81629531
	81629532　81629533　81629534
储运部电话	0431-86059116
编辑部电话	0431-81629520
印　　刷	吉林省吉广国际广告股份有限公司

书　　号	ISBN 978-7-5744-0357-4
定　　价	35.00元

目录

厨房

哇，厨房里香喷喷的！今天要吃什么呢，煮鸡蛋还是炸鱼块？它们到底是什么，它们又来自哪里？

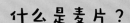

什么是麦片？

是以小麦为主要原料加工而成的食品，原料还可以是大米、玉米。小麦还可以磨成粉，用来制作面包、面条……

冰块是如何形成的？

当温度降到0摄氏度以下时，在冰箱冷冻室中的水就会变成固体，变成冰块。

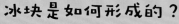

每天吃的鸡蛋里有小鸡吗？

没有，我们吃的鸡蛋来自专门养殖的母鸡。这些母鸡的工作就是生蛋。它们不会遇到公鸡，所以鸡蛋也不会孵化出小鸡。

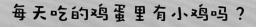

面条是什么做的？

　　面粉和水。将它们混合在一起并加工成条状，再进行干燥处理（去除水分），最后包装起来。

为什么水烧开时会冒泡？

　　因为水在温度很高时会变成气体。这些气体聚在一起成了气泡，从水里"逃走"了。

在图中找一找！

罗勒叶

蜂蜜

苹果

3

卧室

卧室里有你的玩具和家具，是你最喜欢的房间。这些物品个个不同，有的软绵绵，有的硬邦邦，有的亮晶晶，还有的一碰就碎……它们是如何做出来的呢？

枕头里的填充物是什么？

有的是鸭子身上的绒毛。有的枕头里填充的不是羽毛，而是海绵。

我的娃娃是什么做的？

塑料。许多玩具都是塑料做的。这种材料耐用又轻盈，还可以用水冲洗，能加工成不同的形状。

为什么我的雨鞋能防水？

因为雨鞋是橡胶做的。这种材料是橡胶树里流出的汁液加工而成的，可以防水。

4

灰尘是什么？

是小小的粉末。它们很轻，可以飘浮在空气中。灰尘里含有各种各样的物质。

为什么我能从镜子里看到自己？

镜子是由玻璃制成的，在玻璃后有一层银色的涂层，有了涂层以后，玻璃就可以反射出我们的样子。

在图中找一找！

狮子玩具

鞋子

梳子

浴室

洗漱时要用到香皂、洗发水，还有牙膏和牙刷……你知道为什么这些产品能把你变得干干净净又香喷喷吗？

草莓味的牙膏里有草莓吗？

没有。牙膏里加入了粉色的色素与草莓味的香精，所有小朋友都喜欢！

为什么镜子里的我不见了？

因为洗澡时的热水会产生水蒸气，遇到冷的镜面就凝结成微小的水珠，把镜子遮盖住了，所以我们什么也看不到。

为什么小鸭子可以浮起来？

因为小鸭子是塑料做的，又是空心的，所以比水更轻，可以浮在水上。

为什么洗发水会起泡沫？

因为里面含表面活性剂。摩擦时进入了许多空气，形成小泡泡。这些泡泡聚在一起，就变成了很多很多泡沫。

海绵来自哪里？

大海！过去，洗澡的海绵来自海洋里的一类动物，现在则是人工制造的。

在图中找一找！

牙刷

肥皂

项链

房子

从地下室到阁楼，从卧室到厨房，从客厅到浴室……每个人的家里都藏着好多管道与线缆，给我们送来了水、电、天然气……

厕所的水流到哪里去了？

这些水管一直通到污水处理厂。污水经过处理，重新变得干净，然后会排放到大自然中。

自来水管里的水从哪里来？

来自自来水厂。很粗的水管将这些净化过的水送到了千家万户。

厨房里的火来自哪里？

天然气遇到火便会燃烧。有些家庭使用罐子储存的天然气，有些则使用从天然气厂直接输送的天然气。

为什么灯会发光？

因为有电！墙壁里藏着许多电线。只要按下开关，我们就可以接通或切断电流。

电视里的女主持真的在电视里吗？

不是。电视屏幕上的画面来自光纤传输的信号。

在图中找一找！

一盆花

猫咪

茄子

菜园

在树上，在田里，水果、蔬菜、花朵共同描绘一幅色彩缤纷的画卷，非常漂亮！它们的气味不一样，模样也是千姿百态！它们是如何生长的呢？

这些花来自哪里？

园丁种下的种子，风吹来的种子，小鸟带过来的种子……只要有土壤、水和适宜的温度，这些种子就可以发芽、开花。

果核的作用是什么？

果核里面有种子，也就是"植物宝宝"。把种子埋进土里，就可以长出新的果树。

所有水果都是树上长出来的吗？

大部分是。不过有些水果是从矮矮的草丛里长出来的，例如草莓。

为什么土豆长在地下呢？

因为土豆是植物的块茎。

在图中找一找！

燕子

南瓜

鼹鼠

公园

我们在树后捉迷藏，用沙子堆城堡，让小船在水池里扬帆远航……公园里有许多地方等待着我们去探索！

栅栏的金属来自哪里？

来自地下的石头，石头里藏着金属。必须挖很深很深的洞才能将它们开采出来。在工厂里，这些金属被加工成不同的物品。

沙子来自哪里？

石头被风和雨侵蚀，经过漫长的岁月，慢慢变成了沙子。

为什么木头在水中会浮起来？

因为木头的密度比水的密度小，所以木头会浮在水面上。

树干上一圈一圈的纹路是什么？

每一年，树干外都会长出新的一层，在里面留下一道环形的印迹，这就是"年轮"。越老的树，年轮越多！

为什么石头下会长青苔？

因为青苔的生长需要阴凉与潮湿的环境。阳光无法照射到的地方就会比较适合青苔生长，比如石头下。

在图中找一找！

蝴蝶

鸟巢

皮球

13

羊毛

冬天穿上毛衣、大衣，戴上围巾，暖烘烘，真幸福！不过，这些羊毛来自哪里呢？

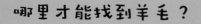

哪里才能找到羊毛？

绵羊身上。每一年，牧羊人都要剪掉它们身上卷曲的羊毛。

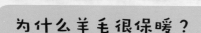

为什么羊毛很保暖？

因为毛线可以把身体散发的热气"拦"住。这样就形成了一种屏障，同时也避免冷空气透进来。

衣服是怎么做出来的？

有些机器可以将毛线变成布料。经过裁剪、缝合，它们就变成了我们身上穿的衣服。

毛线是如何生产的？

羊毛经过清洗、整理、梳理后，被加工成细细的线，然后将这些线卷起来。

我的红毛衣来自红色的绵羊，对吗？

不是的。干净的羊毛都是白色的。为了给它们染上不同的色彩，工人们要把羊毛泡进不同的染色剂里。

在图中找一找！

剪刀

绿色纱线

毛线帽

牛奶

所有哺乳动物的幼崽都要喝奶，和人类一样。牛奶究竟是如何到达你碗中的呢？

奶来自哪里？

在所有哺乳动物中，妈妈都要分泌乳汁喂养宝宝。

如何给奶牛挤奶？

用专门的挤奶机。有些农场也会选择人工挤奶。

牛奶是怎么运到商店的？

这是一条漫长的路。首先要把牛奶装到卡车里，运到工厂，在那里完成灭菌、包装等操作。然后送到各个商店，最后被你买回家。

牛奶可以做什么？

做黄油、奶油、酸奶、奶酪……这些都是乳制品。

奶酪是如何制作的？

牛奶放置很长一段时间后会凝固，变成膏状的质地。奶酪就是这么来的。

在图中找一找！

小猫

山羊

奶酪

17

糖

水果里有天然的糖，而蛋糕与糖果里也有人工添加的糖。一起来看看生活中一些甜甜的食物是如何制作出来的吧！

为什么果酱是甜的？

果酱是用水果做的，大部分水果本来就很甜。为了延长果酱的保存期限，人们在制作时还会加入额外的糖。

焦糖是什么？

将水与糖混合，慢慢加热，当颜色变成棕色后，就是焦糖了。

糖果的原材料是特殊的彩色糖吗？

不是的，让糖果变得五颜六色的是色素。

18

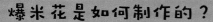

爆米花是如何制作的？

　　用玉米粒。加热后它们会爆开，然后再裹上焦糖，这就是香香甜甜的爆米花了。

爆米花

棉花糖是如何制作的？

　　热热的糖浆从棉花糖机的洞洞里冒出来，变成了胡子一样的"线"，聚在一起好像一朵棉花。

在图中找一找！

软糖

蛋糕

棒棒糖

19

巧克力

巧克力是甜点之王！它是谁制作的，是甜点大师吗？让我们来看一看巧克力是如何历经千辛万苦，从种植园来到我们的餐桌上的。

白巧克力是如何生产的？

将牛奶、糖与可可脂混合就得到了白色的巧克力。与其他巧克力不同，白巧克力里没有可可粉。

什么是巧克力？

可可粉与其他成分混合，如糖、可可脂、牛奶、干果等为主要原料制成的一种食品。

糖

为什么巧克力的颜色有深有浅？

这取决于巧克力的牛奶含量。牛奶放得越多，颜色就越浅。

为什么巧克力遇热会熔化？

巧克力本来就是液体，冷却后变硬了。因此温度一高，巧克力又会变回液体。

巧克力蛋是母鸡下的吗？

当然不是！甜点师将热巧克力倒入蛋形的模具中，这样就得到了一颗巧克力蛋。

在图中找一找！

缎带

搅拌器

巧克力小鸡

21

城市

城市里看到的很多景物都出自人类的双手：房屋、街道、人行道、交通信号灯……

为什么房屋可以稳稳地立起来？

因为房屋建在坚固的地基上，房屋的建筑材料是石头、砖块、混凝土……

窗户上的玻璃是如何生产的？

将沙子等物质加热至熔化，就会得到一种透明的黏稠液体。将它摊平后再切割，便是方方正正的玻璃了。

路面是什么做的？

是石子、沙子与沥青的混合物。沥青是一种颜色很深的液体，冷却后极为坚硬。

为什么飞机在空中会留下一道白色的痕迹？

因为飞机发动机喷射出的气体里含有许多水分。遇到天空中的冷空气后，这些水会凝结成冰晶。

交通信号灯是如何变色的？

电脑控制，让这些灯轮流亮起：绿色小人代表了行人可以通过；红色小人代表了行人停步，汽车通行。

在图中找一找！

抹泥刀

飞机

垃圾桶

23

盐来自哪里？

地下或海洋。在海边，人们把海水引进洼地里，也叫"盐田"，太阳和风带走了水分，剩下的就是盐。人们再用工具将盐收集起来。

火车前进靠的是什么？

煤、油和电。在不远的将来，有些火车可以靠风力运行。风吹动这些巨大的风车，叶片转动起来就能发电。

为什么丝绸那么柔软？

因为丝很细很细，来自一种叫作"蚕"的昆虫。蚕会吐丝结茧，它们吐出来的丝遇到空气之后会硬化，茧也变得很坚固。然后，蚕将自己藏在茧中，等待着变成蚕蛾。废弃的茧可以用来纺丝，制作丝绸。

为什么汽水里有气泡？

汽水在生产过程中加入了二氧化碳，不过也有些饮料的气泡是天然的！

彩虹是怎么产生的？

天气潮湿时，空气中的小水滴会反射、折射太阳光，这时我们就可以欣赏到美丽的彩虹了！

为什么我们应该把不要的东西进行垃圾分类呢？

因为有些垃圾要磨碎，有些要熔化……有些处理之后的垃圾可以用来制造新的物品！

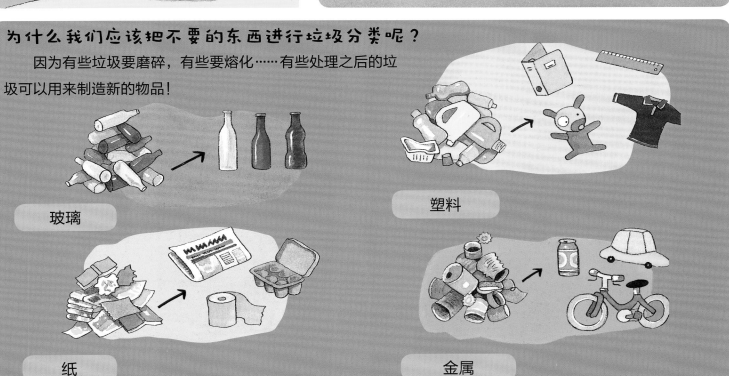

玻璃

塑料

纸

金属

炸鱼块是怎么做的？

把鸡蛋液与面包糠混合，裹在鱼肉外层。放入油锅中炸，炸至金黄后装入盘中。

蜂蜜来自哪里？

花粉。蜜蜂从花朵中采集花粉，带回蜂巢中。花粉与蜜蜂的口水混合后就成了蜂蜜。

书本的纸来自哪里？

树木是纸的原料。在切割木材做家具时，总会剩下一些边角料。将它们磨碎后加水混合，就能得到纸浆，然后再加工成纸张。

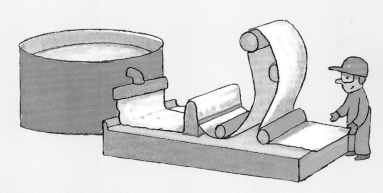

把纸浆摊平，干燥后便得到了纸。

为什么把空瓶子压入水中会冒出许多泡泡？

因为瓶子里的空气被水"赶"了出来，这些空气以气泡的形式从水中浮起来。

棉布来自哪里？

来自棉花。这是一种在亚热带、温带地区生长的植物。它的种子被白色的纤维围绕，而这些纤维就是棉布的原材料！

电话里的声音是怎么传出来的？

声音通过一种波传递，这种波在空气中的运动速度极快。卫星将这些波"捕捉"起来，再传向通话的另一端。

为什么不能把手指放进插座里？

因为这样很危险，插座里有电！它可能对身体造成严重的伤害，甚至死亡！

香蕉也长在树上吗？

不是。香蕉树并不是树，而是一种巨大的草，它的茎就像其他树的树干一样粗！

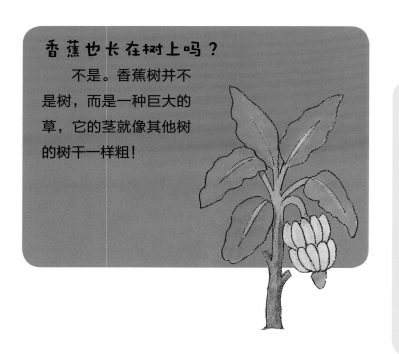

为什么水果和蔬菜会腐烂？

水果和蔬菜如果摘下来后放置太长时间，它们的表皮会破损，细菌就会跑进去。

雨来自哪里？

来自江河湖海。在太阳的照射下水会蒸发，变成肉眼看不见的极小的水滴。它们升到天空中，聚集起来变成云。风把云吹向各地，遇到冷空气后，这些云就会变成雨，落到地上。

我们可以在云上走路吗？

不可以。云里面含有无数的小水滴。

所有毛线都来自绵羊这一种动物吗？

不是，还有来自兔子、山羊、羊驼等不同动物的毛。

兔子

山羊

羊驼

亚洲绵羊

只有羊毛才保暖吗？

不是的。摇粒绒是一种合成纤维布料，是利用塑料制成的细线制作的。此外，动物的皮毛也十分保暖。在北极，因纽特人利用驯鹿、海豹与熊的皮毛来制作衣服。

牛奶是如何装瓶的？

在工厂里，水管中流着牛奶，笼头对准一个个瓶子和纸盒，把它们填满。

为什么有些奶酪上有洞洞？

因为奶酪是放置很久后凝固起来的牛奶。在放置的这段时间中，牛奶中所含的气体变成了一个个气泡，气泡"炸开"后就留下了好多小洞。

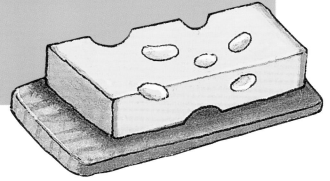

糖来自哪里？

来自植物。热带国家用甘蔗制糖，寒带国家用甜菜根制糖。

糖的种类有哪些？

根据人们的需求，可以制造不同的糖：冰糖或砂糖，白糖或红糖……

可可来自哪里？

可可树。这种植物生长在非洲与南美洲炎热潮湿的地区。它的果实是可可果，内部含有小小的种子，即可可豆。可可豆是用来制作巧克力的原料。

可可豆要如何处理？

把可可豆从可可果中取出来后除去水分，然后加热，让它们变成可可粉和可可脂。